化学篇

哇，科学有故事！

物质的故事

[韩]朴智恩/文　　[韩]姜智妍/绘　　千太阳/译

人民东方出版传媒
People's Oriental Publishing & Media
东方出版社
The Oriental Press

世界上会不会存在无法再分的物质？

道尔顿

世界上会不会有性质相似的元素？

门捷列夫

目录

揭开元素秘密的故事_1页

发现原子的故事_13页

制作元素周期表的故事_23页

走进物质的科学史_35页

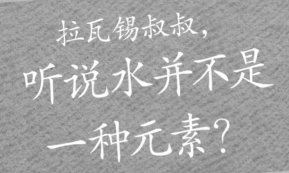

拉瓦锡叔叔，
听说水并不是
一种元素？

古希腊人曾一度认为世界是由火、水、土、空气四种元素构成的。后来，我发现水原来可以分解成更小的形态，而它就是元素——构成所有物质的基本要素。

古希腊人很好奇这个世界到底是由什么样的元素构成的。他们各执己见，谁都不能说服谁。

当大家都认为世界由单一物质构成时，有一位学者提出了不同的见解。

他就是活跃在公元前 5 世纪的著名学者——恩培多克勒。

恩培多克勒认为世界是由火、水、土、空气这四种元素构成的，这种观点被称为"四元素说"。

古希腊顶级学者亚里士多德，也认为恩培多克勒的四元素说是正确的。而且，亚里士多德还添加了自己的想法，完善了四元素说。

听了亚里士多德的想法后，人们产生了疑问，但他都一一进行了解释。

在长达两千多年的时间里，人们一直对四元素说深信不疑。甚至，有的人还妄想通过混合四种元素炼出金子来，这就是众所周知的"炼金术"。

18 世纪，法国化学家安托万·拉瓦锡并不相信炼金术能炼出金子，更不认同四元素说。拉瓦锡认为所有的科学事实必须在实验中找到依据。

"等着瞧吧！我一定要证明四元素说是错误的！"

拉瓦锡做了一个实验，他将水加热了 100 天。

看吧，有沉淀物！水变成了土。

首先要测量一下烧瓶和水的重量。

烧瓶的重量是 5

水的重量是 **10**

把水装进烧瓶中，密封好，持续加热100天。

产生了沉淀物。

变成气体的水冷却后，
水的重量是 **10**

实验后烧瓶的重量
是 **4.9**

沉淀物的重量
是 **0.1**

水的重量并没有
发生什么变化。

这是烧瓶的玻璃熔化后产
生的沉淀物！

啊！怎么会这样？

四元素说认为只要把四种元素
混合就能创造出任何东西，想要满足
这一点，水就应该极易变成其他物质
才对。但是无论怎样加热，水依然是
水。拉瓦锡通过这个实验，证明了四
元素说是错误的。

拉瓦锡还做了分解水的实验。如果水是构成物质的基本元素，那么它就应该无法继续再分。但是在拉瓦锡的实验中，水被分解成了氧气和氢气。

拉瓦锡和其他科学家们通过实验证明了火、水、土、空气并不是元素，同时他们还在实验过程中发现了很多未知的新元素。

"这次发现的物质很容易被点燃！"

通过各种实验，拉瓦锡发现世界上存在很多不同的元素。

最终，他一共发现了33种不同的元素。

在长达两千多年的时间里，人们对四元素说深信不疑。而这样的"真理"，竟一下子被拉瓦锡颠覆了。

元素

常温下保持气体状态的元素

元素是指构成世界的基本物质。我们呼吸需要的氧气，铸造硬币时用到的铜矿等都是元素在自然界中的存在形式。到目前为止，人们发现的元素种类已经超过 100 种。由于每种元素都拥有独特的性质，所以我们根据元素的特性，把它们运用在日常生活的方方面面。

氦

充气球时使用的就是比空气更轻的氦气，所以气球才能飘到空中。

氖

夜晚街道上色彩斑斓的霓虹灯，就是用氖气灌进玻璃管中的方式制造出来的。

氮

氮气是一种十分稳定的气体。氮是植物健康成长所必需的元素，因此肥料中往往含有氮。

常温下保持液体状态的元素

汞

汞，俗称水银，通常用来制作温度计、体温计、气压计等工具。这里运用的便是水银根据温度发生体积变化的特性。

溴

溴呈紫红色，常用来给衣服上颜色。由于8000只蛤蜊（gé lí）中只能提取1克左右的溴，所以溴曾经是一种非常昂贵的染料。

常温下保持固体状态的元素

硫

硫十分易燃，能够使烟花在低温下被点燃。

钙

钙是人体形成骨骼和牙齿、维持肌肉运动能力所需的必要元素。牛奶、海苔、酸奶和鳀（tí）鱼中含有大量的钙。

钙占身体的
1.4%

钙 100mg

钙 150mg　　牛奶 100g

　　　　　　海苔 100g

钙 120mg　　酸奶 100g

　　　　　　鳀鱼 100g

钙 900mg

促进化学发展的炼金术

　　直到 18 世纪初期，欧洲人一直坚信炼金术能炼出金子。为了成功，炼金术师们可谓煞费苦心。即便动用无数不同的物质进行成千上万次尝试，他们最终也没能炼出金子来。

　　不过，虽然金子没有被炼出来，但他们为了炼出金子而花费的心血，却在不经意间促进了化学的发展。炼金术师们不断对自然界中的各种物质进行分解、加热及混合。在这个过程中，他们发现了很多新的物质，如硫酸、王水、磷、硝酸等。此外，在炼制金子的过程中，他们还发明出坩埚、烧瓶、蒸馏器等众多炼金工具。最终，这些工具被拉瓦锡等化学家们应用在各种化学实验中。

　　炼金术师们最终也没有炼出金子，但他们的尝试开始向了解世界本质的方向靠拢，他们所留下来的"遗产"确确实实推动了化学的发展。

中世纪炼金术师的工作室

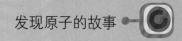

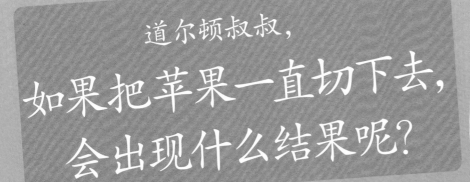

道尔顿叔叔，
如果把苹果一直切下去，
会出现什么结果呢？

古希腊人认为如果把一种物质不断进行分割，那这种物质最终将会消失。不过，我并不认同这种观点。因为我觉得如果一直把苹果切下去，最终会出现一种不可再分的微小粒子——原子。

公元前 400 年左右，古希腊学者德谟克利特曾认为：对一种物质不断进行分割，它最终会变成一种无法再被分割的小颗粒。

对一块石头进行分割，它就会变成一些小碎石。

把这些小碎石再进行分割，它们就会变成一堆沙子。

假设我们对世界上的物体不断进行分割，分割，再分割……

最终将剩下一些无法再被分割的非常微小的颗粒。

然而，主张四元素说的亚里士多德却坚信，无论什么样的物质，只要不停地分割，最终将全部消失。因此，他总是这样毫不犹豫地回答别人的提问：

亚里士多德是古希腊非常有名的科学家之一，所以当时人们并没有选择相信德谟克利特的主张——不可再分割的微小颗粒（原子）才是构成世界的单位。

最终，德谟克利特的原子说不但没有得到人们的支持，反而遭到了大家的嘲笑。

后来经过漫长的岁月，直至 18 世纪时，才有一位科学家关注起德谟克利特的主张。这位科学家就是英国的约翰·道尔顿。

道尔顿从小就对天气很感兴趣，所以从 20 岁起，他每天都会对天气进行观测和记录。

其中，水变成水蒸气，消失在空气中的现象让道尔顿感到非常神奇。于是，他自然而然地就迷恋上对气体的研究。

在研究气体的过程中，道尔顿很快便意识到德谟克利特的观点是正确的。

假设物质是由原子构成的，那么之前一些难以解释清楚的问题就有了完美的解答。

1808 年，道尔顿发表了自己的这个发现，并将其命名为"原子论"。

道尔顿的原子论

所有物质都是由无法再分的微小颗粒构成的。

世上的确存在无法再分的微小颗粒。

我无法再被分割！

每种元素的原子长得完全一样，而且有着相同的性质。

 我们全都是氢原子，我们的大小和重量都相同。

 我们是氧原子。

 世界上的物质都是由一种以上的原子构成的。

 水是由氢元素和氧元素组成的。

"原子指的是无法再分的非常微小的颗粒。"道尔顿重新证明了原本没有人相信的德谟克利特的观点。

正是因为道尔顿提出了原子论，人们才能知晓构成世间物质的最小单位是原子。

原子

原子是指构成物质的最小颗粒。原子非常小，只能用特殊的显微镜才能看清。所有物质中都充满了微小的原子，而世间万物全部由一种以上的原子构成。

原子有很多种

世界上有很多种元素，如氢和氧。原子的种类和元素一样多，如氧原子、氢原子。每种元素都有对应的原子。

二氧化碳 CO_2

C   O   O

1个碳原子 ＋ 2个氧原子 ＝ 3个原子

C 碳 ＋ O 氧 ＝ 2种元素

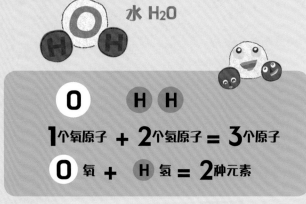

水 H_2O

O   H   H

1个氧原子 ＋ 2个氢原子 ＝ 3个原子

O 氧 ＋ H 氢 ＝ 2种元素

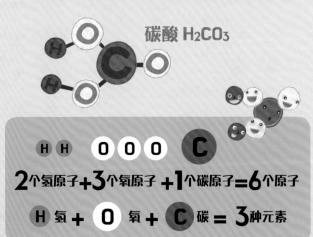

碳酸 H_2CO_3

H H   O O O   C

2个氢原子 ＋ 3个氧原子 ＋ 1个碳原子 ＝ 6个原子

H 氢 ＋ O 氧 ＋ C 碳 ＝ 3种元素

原子有多重?

原子的质量，简称原子量，我们常用相对原子质量表示。不过相对原子质量并不是实际质量，而是以碳12原子质量的1/12为标准，其他原子的质量与它相比较所得到的比。

氢的相对原子质量是 **1**

碳的相对原子质量是 **12**

氧的相对原子质量是 **16**

铁的相对原子质量是 **56**

金的相对原子质量是 **197**

原子有多小?

不同种类的原子，大小也不相同。最小的原子——氢原子半径只有约0.53×10^{-8}厘米。1亿个氢原子排成一行只有1厘米。

1亿个氢原子

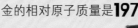

1厘米

大部分原子都非常小。即使放大1亿倍，也才有乒乓球那么大。

1亿倍

第二次世界大战中的原子弹

铀原子核裂变时会产生巨大能量，原子弹就是根据这一原理制作出来的一种超级炸弹。第二次世界大战爆发时，美国得知德国正在研发原子弹的消息后，感到无比震惊。因为美国非常清楚原子弹的威力。

为了赶在德国之前研发出原子弹，美国政府召集很多著名的科学家，历经三年时间才研发出来。1945 年 7 月 16 日，为了测试原子弹实际威力，美国引爆了世界上第一颗原子弹。实验中，30 米高的铁塔瞬间就熔化消失。之后，美国在日本的广岛和长崎两处分别投掷原子弹。原子弹的爆炸造成广岛 20 万人死伤，6 万多所房屋遭到毁坏；长崎也有 7 万多人因此丧命。最终，日本被迫宣布投降，第二次世界大战就此落下帷幕。

在看到原子弹带来的危害后，参与研发的科学家们均陷入了深深的自责当中。

投放在广岛的原子弹

门捷列夫老师，
**听说一些元素拥有
相似的性质？**

　　自从拉瓦锡证明元素的本质后，越来越多的元素被人们所发现。我把具有相似性质的元素放在一起，并整理成一个表格，它就是元素周期表。元素周期表为人们研究化学提供了很大便利。

随着越来越多的元素被人们发现，科学家们又开展了新的研究。

为了找出众多元素中隐藏的规律，无数科学家付出了艰辛的努力。

1865年，英国化学家纽兰兹找出了元素中隐藏的规律。

他按照原子量从小到大的顺序把各种元素排列起来，结果发现1号、8号及15号元素拥有相似的性质。于是，纽兰兹就以每行7种元素的方式，对它们进行了排列。

纽兰兹决定把自己发现的规律命名为"元素八音律"。

然而，他找出来的这条规律并不是非常准确，需要完善，以至于有些人嘲讽他所取的名称，说："你干脆用字母表的顺序进行排列好了！"

伦敦化学学会甚至不愿意在学会刊物上发表他的论文，并表示："我们无法发表这种古怪的理论！"

最终，纽兰兹不得不终止自己的科学研究。

四年后，一位俄罗斯化学家也在自己的研究室中找到了元素之间的规律。他的名字就叫德米特里·门捷列夫。

门捷列夫之前在圣彼得堡大学里教书，攒下了一些钱，用来支持自己的研究。

当时，人们共发现 63 种元素。门捷列夫认定这些元素中并非毫无规律。

为了找出正确的规律，门捷列夫首先对各个元素的原子量进行了调查。

"原子量指的是原子的质量。"

门捷列夫给多个国家的科学家写信，向他们询问各种元素的准确原子量。有些还需要他亲自通过实验来找出答案。

收集到所有元素的信息后，门捷列夫开始用自己的方法寻找众多元素中的规律。

门捷列夫先是准备了 63 张纸，然后在每张纸上写下一种元素的原子量、颜色、沸点、熔点、光泽等信息。

啊，没想到剪纸也这么难。

哎呀，我的胳膊都快要断了。

门捷列夫整日待在研究室中足不出户，按照各种标准对这些纸张进行排列。有时候，他会根据单一元素物质的颜色对它们进行分类；

不如将银色的都放在一起看看。

有时候，他则会根据沸点对它们进行排列。某一天，他无意间找出了一个看似最合适的标准。

按照原子量的顺序进行排列后，它们出现了周期性的变化。

就跟纽兰兹说的一样，以原子量作为标准应该是正确的。

虽然他找到了一个标准，但是依然很难对所有元素进行系统的整理。因为就算按照原子量排列，也只不过是把元素们排成一个长队而已。必须搞清楚为什么会根据原子量产生周期性变化。

经过漫长的研究后，门捷列夫终于发现，导致元素出现周期性变化的其实是元素的性质。他称其为元素周期律。

门捷列夫将拥有相似化学性质的元素排成了列。

1869 年，门捷列夫发表了自己制作出来的元素周期表。

门捷列夫的元素周期表与纽兰兹的元素周期表有很大不同，因为纽兰兹只是单纯地将元素排成了竖排，没有探讨元素之间的关系。

不过，门捷列夫的元素周期表也不算很完整。

后来，英国物理学家莫斯利与美国化学家西博格分别于 1913 年、1944 年修订了元素周期表。

元素周期表

原子序数按照从左到右依次递增。

越往右，原子量就越大。

排成列的元素具有相似的性质。

第一列的元素除了氢之外，全都是柔软的金属。

这个元素周期表我们一直沿用到今天。

元素周期表为化学研究提供了很大的便利。因为通过元素周期表，我们可以对各个元素的性质一目了然。

如今，虽然人们已经不再使用门捷列夫的元素周期表，但他发现化学元素周期律、制作出世界上第一张元素周期表，是科学发展史上的重大成就。

第十七列的元素是非金属物质。

第十一列的元素主要用来制作硬币或贵金属。

第十八列的元素大部分是气体。

元素周期表

元素究竟有多少种？

到目前为止，人们发现的元素一共有118种。氧、氮、碳等元素是自然中原本就存在的元素。

元素周期表是根据原子序数和化学性质对元素进行规律性排列的表格。元素周期表中，列被称为族；行被称为周期。位于同族的元素拥有相似的性质。通过元素周期表，可以一眼看清元素的性质，对学习化学的人有很大的帮助。

而锘、镱等元素则是科学家们在实验室里创造出来的元素。

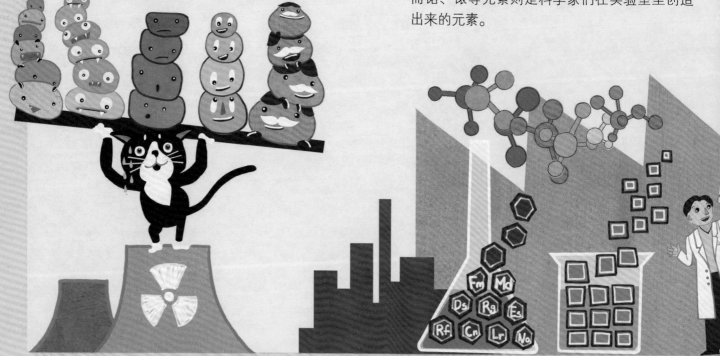

元素是如何命名的？

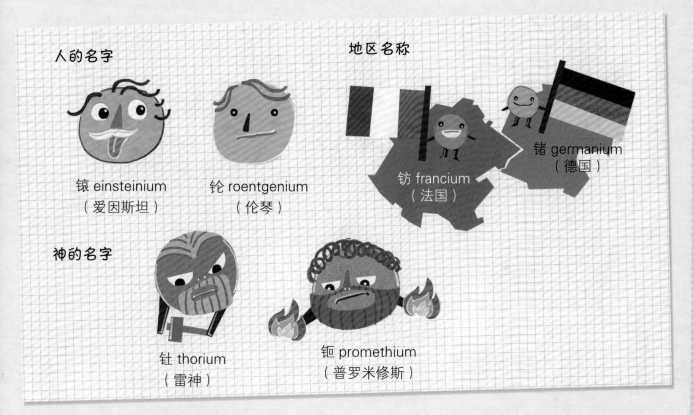

人的名字

锿 einsteinium
（爱因斯坦）

錀 roentgenium
（伦琴）

地区名称

钫 francium
（法国）

锗 germanium
（德国）

神的名字

钍 thorium
（雷神）

钷 promethium
（普罗米修斯）

元素符号是如何制定的？

从元素的英文名称中取第一个字母或前两个字母作为元素符号。

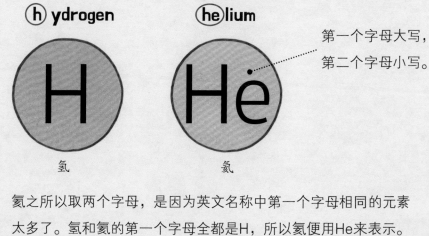

Ⓗydrogen

Ⓗelium

H
氢

He
氦

第一个字母大写，
第二个字母小写。

氦之所以取两个字母，是因为英文名称中第一个字母相同的元素
太多了。氢和氦的第一个字母全都是H，所以氦便用He来表示。

诺贝尔奖的设立

　　元素周期表中的元素有些以伟大科学家的名字命名，如爱因斯坦、居里夫人、卢瑟福，而他们全都获得过诺贝尔奖。

　　诺贝尔奖是用发明达纳炸药的瑞典化学家阿尔弗雷德·诺贝尔的遗产创办的奖项。诺贝尔在看到自己发明的达纳炸药在战争中夺去无数人的性命之后，感到非常自责。于是，他便立下遗嘱：用自己的财产来奖励那些为人类发展做出贡献的人。从1901年开始，诺贝尔奖于每年10月份公布获奖者名单，而这些获奖者无不是在物理、化学、医学、文学、和平等领域作出杰出贡献的人。

　　诺贝尔奖授奖有几个原则：不分民族、国家、性别，任何人都可以获奖；只要被认定为人类文化发展做出了巨大贡献，即使同一个人，也可以多次获奖。另外，获奖者的研究内容必须为人类生活带来极大益处，或起到非常重要的作用。也正是因为这一点，大部分研究成果往往会在发表论文几年后才能获得诺贝尔奖，因为一项研究会给人类带来何种益处是需要经过时间验证的。

诺贝尔奖奖牌

原子的奥秘
正在一点点
被揭开

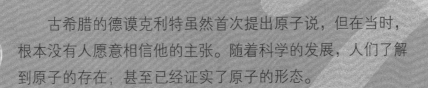

古希腊的德谟克利特虽然首次提出原子说，但在当时，根本没有人愿意相信他的主张。随着科学的发展，人们了解到原子的存在；甚至已经证实了原子的形态。

33种元素的整理

📖 1789年

拉瓦锡在《化学基本论述》中总结出元素的种类一共有33种。另外，他还分析出空气的成分和水分子的结构。

原子论的发表

📖 1808年

道尔顿发表了原子论，认为原子是无法再分的球状小颗粒。

元素周期表的发表

📖 1869年

门捷列夫根据元素周期律对元素进行排列，从而编制出元素周期表。

📖 标记的部分是正文中出现的内容。

原子核的发现

卢瑟福发现原子中间存在一个核。他认为原子核周围有电子在运转。

电子轨道模型的发表

1913年

玻尔修正卢瑟福制作的原子模型。玻尔的原子模型是一种原子核位于原子的中心位置，电子以原子核为中心，各自按照自己的轨道运转的模型，被称作"玻尔原子模型"。

现在

科学家们普遍认为原子模型中间有原子核，四周包裹着电子云。他们之所以认为电子像云一样扩散着，是因为没有人知道电子到底在什么地方，也不确定电子的移动轨迹。

图字：01-2019-6047

图书在版编目（CIP）数据

物质的故事 /（韩）朴智恩文；（韩）姜智妍绘；千太阳译 . —北京：东方出版社，2020.12
（哇，科学有故事！. 物理化学篇）
ISBN 978-7-5207-1482-2

Ⅰ . ①物… Ⅱ . ①朴… ②姜… ③千… Ⅲ . ①物质—青少年读物 Ⅳ . ① O4-49

中国版本图书馆 CIP 数据核字（2020）第 038664 号

哇，科学有故事！化学篇·物质的故事
（WA，KEXUE YOU GUSHI! HUAXUEPIAN·WUZHI DE GUSHI）

作　　者：［韩］朴智恩 / 文　［韩］姜智妍 / 绘
译　　者：千太阳

策划编辑：鲁艳芳　杨朝霞
责任编辑：金　琪　杨朝霞
出　　版：东方出版社
发　　行：人民东方出版传媒有限公司
地　　址：北京市东城区朝阳门内大街166号
邮　　编：100010
印　　刷：北京彩和坊印刷有限公司
版　　次：2020年12月第1版
印　　次：2024年11月北京第4次印刷
开　　本：820毫米×950毫米　1/12
印　　张：4
字　　数：20千字
书　　号：ISBN 978-7-5207-1482-2
定　　价：256.00元（全10册）
发行电话：（010）85924663　85924644　85924641

版权所有，违者必究
如有印刷质量问题，我社负责调换，请拨打电话（010）85924602

✏ 文字 [韩]朴智恩

毕业于梨花女子大学科学教育专业。曾在儿童科学杂志《月刊科学者》担任记者和总编，从而接触到全世界各种各样的科普知识。如今，抱着"能看出多少科学，取决于你懂得多少科学知识"的信念，专心创作儿童科普作品。主要作品有《科学王失踪事件》《开始！恐龙问答书——斑点：朝鲜半岛的恐龙》《老师也震惊的小学数学反转：基础篇——数字的罗列》等。

🎨 插图 [韩]姜智妍

毕业于国民大学视觉设计专业，现为一名自由插画家。主要作品有《背落叶的鸟》《总有一天安洁琳会回来》等。

📑 审订 [韩]李正模

毕业于延世大学生物化学专业，后考入德国波恩大学学习化学，毕业后在安阳大学教养专业担任教授，现为西大门自然史博物馆馆长。主要作品有《给基因颁发专利》《日历和权力》《希腊罗马神话科学》等，主要译作有《人类简史》《魔法的熔炉》等。

哇，科学有故事！（全33册）

概念探究

生命篇
- 01 动植物的故事——一切都生机勃勃的
- 02 动物行为的故事——与人有什么不同?
- 03 身体的故事——高效运转的"机器"
- 04 微生物的故事——即使小也很有力气
- 05 遗传的故事——家人长相相似的秘密
- 06 恐龙的故事——远古时代的霸主
- 07 进化的故事——化石告诉我们的秘密

地球篇
- 08 大地的故事——脚下的土地经历过什么?
- 09 地形的故事——隆起，风化，侵蚀，堆积，搬运
- 10 天气的故事——为什么天气每天发生变化?
- 11 环境的故事——不是别人的事情

宇宙篇
- 12 地球和月球的故事——每天都在转动
- 13 宇宙的故事——夜空中隐藏的秘密
- 14 宇宙旅行的故事——虽然远，依然可以到达

物理篇
- 15 热的故事——热气腾腾
- 16 能量的故事——来自哪里，要去哪里
- 17 光的故事——在黑暗中照亮一切
- 18 电的故事——噼里啪啦中的危险
- 19 磁铁的故事——吸引无处不在
- 20 引力的故事——难以摆脱的力量

化学篇
- 21 物质的故事——万物的组成
- 22 气体的故事——因为看不见，所以更好奇
- 23 化合物的故事——不同元素的组合
- 24 酸和碱的故事——见面就中和的一对

解决问题

日常生活篇
- 25 味道的故事——口水咕咚
- 26 装扮的故事——打扮自己的秘诀

尖端科技篇
- 27 医疗的故事——有没有无痛手术?
- 28 测量的故事——丈量世界的方法
- 29 移动的故事——越来越快
- 30 透镜的故事——凹凸里面的学问
- 31 记录的故事——能记录到1秒
- 32 通信的故事——插上翅膀的消息
- 33 机器人的故事——什么都能做到

扫一扫
看视频，学科学